爬虫類・両生類★飼い方上手になれる！

ウーパールーパー
イモリ・サンショウウオの仲間

飼育の仕方、種類、食べ物、飼育環境がすぐわかる！

著・佐々木浩之

誠文堂新光社

Gallery

Gallery

Gallery

もくじ

はじめに …………………………………………………… 10

Chapter 1
ウーパールーパーとイモリ、
サンショウウオの仲間たち ……………… 13
ウーパールーパーの基本 …………………………… 14
身近な有尾目、イモリとサンショウウオ ………… 16
ウーパールーパーの体のつくり ………………… 18
アカハライモリの体のつくり ……………………… 20
自然下のイモリやサンショウウオ ……………… 22

Chapter 2
迎える前の準備 ……………………………… 25
飼育環境について …………………………………… 26
ウーパールーパーの飼育に必要な物 ………… 28
アカハライモリの飼育に必要な物 ……………… 30
Column 専門店へ行ってみよう ………………… 32

Chapter 3
飼育環境の整え方 ………………………… 37
プラケースでウーパールーパー飼育 ………… 38
水槽でウーパールーパー飼育 …………………… 40
プラケースでイモリを飼う ………………………… 44
Column サンショウウオの飼育 ………………… 48

Chapter 4
日常の飼育管理 …………………………… 49
ウーパーの日々のお世話 ………………………… 50
アカハライモリの日々のお世話 ………………… 52
水換えと水質管理 ………………………………… 54
餌について考える ………………………………… 56

Chapter 5
保護の話 ………………………………… 59
ウーパールーパーとワシントン条約 ………… 60
日本のサンショウウオの保護の現状 ………… 62

Chapter 6
ウーパールーパーの繁殖と成長 ………… 65
ウーパールーパーの繁殖 …………………… 66
Column ウーパールーパーの卵から幼生までの成長 …… 67
Column イベントに行ってみよう! ………………… 70

Chapter 7
ウーパールーパーとイモリの仲間たち …… 71
ウーパールーパーの仲間たち ……………… 72
日本のイモリの仲間たち …………………… 89
外国の有尾目の仲間たち …………………… 98

Chapter 8
ウーパールーパーの健康管理 ………… 101
ウーパールーパーで起こりやすい病気 ……… 102
病気の対策を考える ………………………… 104

Chapter 9
みんなのウーパールーパー ……………… 107

はじめに

　ウーパールーパーがふわふわと水中を漂うように泳ぐ姿は魚とも違い、本当に不思議な魅力があります。本書ではそんな魅力あふれるウーパールーパーと、イモリやサンショウウオの生態や飼い方などについて、初心者にもわかりやすくまとめてみました。
　小さくて可愛らしいウーパールーパーもしっかり飼い込めば、立派な体躯をもつ姿に成長します。もちろん、愛嬌溢れる姿を楽しむだけでも楽しいウーパールーパーの飼育ですが、

よりよい環境を整えてあげて、大きく育てたり、繁殖に挑戦したりと、さまざまな楽しみ方ができます。
　一方、最近では日本産のサンショウウオの仲間は保護の観点から、捕まえたり、飼育できない種も増えています。とはいえ、彼ら有尾目の仲間には魅力的な種がたくさんいて、大人から子どもまで、観察するだけでも楽しめる動物です。
　興味を持たれた方は、ぜひ一度観察や飼育に挑戦してみてくださいね。きっとその魅力にはまるはずです。

Chapter 1
ウーパールーパーと イモリ、サンショウウオの仲間たち

まずはウーパールーパーやイモリなどの生態について、基本的な部分から見ていきましょう。

生体のウーパールーパー

3つの名をもつ ウーパールーパー

ウーパールーパーやイモリ、サンショウウオは両生類の仲間で、有尾目に分類されています。とはいえ、同じ有尾目といっても、生息環境や姿などはさまざまです。ここではまず、ウーパールーパーから見ていきましょう。

ウーパールーパーは、両生綱有尾目トラフサンショウウオ科トラフサンショウウオ属に分類される、メキシコサンショウウオ（Ambystoma mexicanum）とい

う名が正しい名称で、ウーパールーパーという名前はいわゆる俗称です。その名前の通り、もともとは中米のメキシコに生息する有尾目の仲間です。この可愛らしい両生類には、ちょっと変わった特徴があります。幼生の時の姿のまま成長す

Chapter1 ウーパールーパーとイモリ、サンショウウオの仲間たち

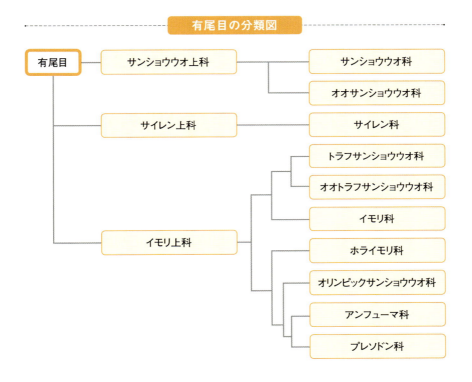

る、幼形成熟と呼ばれる種なのです。本来、両生類の仲間は、カエルが卵からオタマジャクシになり、そこから変態してカエルになるように、卵から幼生になり、そこから変態して肺呼吸のできる体となって陸に上がるようになります。このメキシコサンショウウオが属するトラフサンショウウオ科などには、幼体の姿のまま変態せずに成熟する、いわゆるネオテニー（幼形成熟）の種がいます。これらの幼形成熟個体を総称して、アホロートルと呼ぶため、ウーパールーパーのこともアホロートルと呼ぶ場合もあります。つまりウーパールーパー＝メキシコサラマンダー＝アホロートル、というわけなのです。

　ウーパールーパーもさまざまな条件が整うと変態して陸に上がることがあるとされています。ちなみに、顔の周りにある突起物は外鰓と呼ばれるもので、幼生の特徴です。本来であれば外鰓は変態して成体になるときに消えてしまうのですが、ネオテニーではこうした幼生の特徴が残ってしまうのです。また、ウーパールーパーは変態せず幼生の状態のまま成長するため、肺呼吸ができず、そのため、陸には上がらず、水中で一生を過ごします。

15

身近な有尾目、イモリとサンショウウオ

海外に輸出されたこともあるイモリ

　イモリの仲間は日本にも分布していて、古くから知られています。その見た目の特徴からアカハライモリと呼ばれる種は、本州を中心に分布していて、個体や地域により体色や体型、柄などの変異も多く、また飼いやすさなどから一時はヨーロッパなどにも輸出されたりしていました。最近では環境の変化などで生息数も減ってきていますが、本州などの水のきれいな場所では、まだ野生のアカハライモリを見ることができます。アカハライモリは陸に上がることもありますが、基本的には水の中で過ごします。そして上手に飼えば10年近く生きる個体もいます。

　また、沖縄や奄美地方にはシリケンイモリも分布しています。基亜種は奄美大島に分布するアマミシリケンイモリ、そして沖縄などに分布するオキナワシリケンイモリがいますが、どちらも背中の部分に金箔を貼ったような柄が入る美しい

Chapter1　ウーパールーパーとイモリ、サンショウウオの仲間たち

イモリです。アカハライモリと比べると陸に上がる傾向が強く、こちらも飼育しやすい種です。

保護の進むサンショウウオ

イモリと似た両生類で日本に生息するものにサンショウウオがいます。天然記念物で知名度の高いオオサンショウウオのほか、アベサンショウウオ、イシヅチサンショウウオなど20種近い種が固有種として知られています。サンショウウオは乾燥に弱い動物で、長距離の移動がしづらいことなど、いろいろな要因でほかの地域のサンショウウオと交雑が起こ

りにくく、種が維持されてきたと考えられています。ただ、棲息環境の悪化などでその生息数が減っている種類も多く、国内のサンショウウオの多くは保護の対象になりつつあります。現在保護対象となっていないサンショウウオであっても、今後その絶滅が危惧される種類も多いので、安易に捕獲して飼育することは避けるべきでしょう。

ウーパールーパーの体のつくり

尾部

後肢

ウーパールーパー

メキシコのソチミルコ湖周辺に生息するサンショウウオの仲間、メキシコサンショウウオのアホロートル（幼形成熟個体）。もともとは実験動物用に養殖されていた。成長すると30cm程度にまで大きくなる。

Chapter 1　ウーパールーパーとイモリ、サンショウウオの仲間たち

外鰓　　目　　吻部

前肢

アカハライモリの体のつくり

尾部

後肢

アカハライモリ

本州、四国、九州及び島嶼部に分布する日本の固有種。腹部の鮮やかな朱色が特徴的なイモリ。成長して変態したあとは陸に上がるが、水中にいることも多い。成長すると10cm程度まで大きくなる。

Chapter1　ウーパールーパーとイモリ、サンショウウオの仲間たち

自然下のイモリやサンショウウオ

古くから知られるイモリ

　日本にはイモリやサンショウウオが何種類も生息しています。イモリという名前も「井守」という言葉から来ていて、古くから人々に認知され、親しまれていたことをうかがわせます。

　自然の中で一番目にする機会の多い種は、本州から四国、九州、そして周辺の島嶼に分布するアカハライモリです。名前の通り、真っ赤な腹部が特徴的なイモリですが、水田や池、川べりなどの流れのないところなどに生息しています。基本的に水の中で生息していることが多く、水辺や周辺の茂みなどに潜んでいることが多く、春先に水のよどんだところに産卵をするため、そういったところを探してみるとよいでしょう。ただ、最近では生息域が少なくなってきているので、自治体によっては採集を禁じているところもあります。また、奄美大島をはじめとして、沖縄諸島などに分布する、シリケ

Chapter 1 ウーパールーパーとイモリ、サンショウウオの仲間たち

ンイモリもいます。シリケンイモリはアカハライモリよりもやや陸棲が強く、水辺近くの陸上で見かけることも多い種です。こちらも生息地の開発などによりその数は減ってきています。

地方ごとに独自の種が生息するサンショウウオ

サンショウウオの仲間は現在国内には20種近い種が生息しています。種数については今後研究が進むにつれ、さらに細分化されたり、逆に統合されたり、といったことも起こってくると考えられますが、この種数の多さがサンショウウオの生態を示しているといえます。つまり、

乾燥に弱いため、なかなか生息している水場から離れられず、そのため、その地域ごとの個体群が交雑せずに残ってきた、と考えられているのです。ただ、棲息地の水場が開発などにより失われてしまうと、サンショウウオも姿を消してしまいます。

生態としては、春先の繁殖期に水場に集まってきて産卵をする、といったタイプも多く、それ以外の時は水辺近くの林の中などで生息している、といったケースも見られます。ちなみにサンショウウオは個体差もありますが、意外に長寿で10年以上生きているケースもあります。餌については、水棲昆虫や動物性プランクトンなどを捕食しています。

23

column

ウーパールーパーと水温

　ウーパールーパーはやや涼しい環境を好みます。基本的にウーパールーパーの生存可能な水温は5〜25℃程度といわれ、適した水温は10〜20℃前後とされています。徐々に変化するのであれば、ある程度水温が変化しても耐えられますが、夏場の室内で急激に水温が上がったりすると、体調を崩してしまうこともあります。

冬場はヒータを使ったほうが水温が安定する。

　特に水温が上がると、水中に含まれる酸素の量が減ってしまうので、酸欠状態になることもあるので注意が必要です。

　水槽用の冷却ファンを使ったり、部屋のエアコンを使って室温を下げるなどして夏場の水温上昇を防いであげましょう。

　また、冬場も水温が10℃を下回るようなエリアにお住いの場合にはヒーターなどを使って水温を保ってあげるようにしたいものです。

Chapter 2

迎える前の準備

ウーパールーパーやイモリを飼う前に、まずは準備をしておきましょう。この章では事前に準備するものをまとめました。

飼育環境について

有尾目の3つのタイプ

　ウーパールーパーやイモリ、サンショウウオの仲間は飼育環境によっていくつかのタイプに分かれます。

　まず、基本的にずっと水中で過ごす水棲タイプ。これはウーパールーパーのように、幼形成熟をするタイプの有尾目の飼育環境となります。外鰓を使って水中の空気を取り込んでいるため、陸上に上がることはありません。また、幼形成熟をしないタイプの有尾目でも卵から孵化してから変態して成体になるまでの間は、水中で過ごすため、同様の飼育環境となります。

水棲型の飼育環境の例

　次に、変態後は陸上で過ごす陸棲タイプ。海外産のイモリやサンショウウオの仲間の中には水場に近い陸上や地中を生息の場にしているものもいます。陸棲といっても、適度な水分は必要なため、浅

陸棲型の飼育環境の例

半水棲型の飼育環境の例

い水場と湿らせたミズゴケなどを使って、飼育環境を整えます。また、隠れるためのシェルターを用意してあげるとよいでしょう。

そして、アカハライモリのような、水中と陸上、両方を棲息域としているタイプもいます。こちらは水槽内に一部陸上部分を作り、どちらにも行き来できる環境を作ってあげる必要があります。そのため、水槽内の数を半分くらいまで下げて、流木やミズゴケなどを使って、陸上部分を作ります。また、水中でも隠れることのできる場所を作ってあげましょう。

脱走に注意！

有尾目の仲間は基本的に脱走の名人です。飼育ケージや水槽の蓋などのちょっとした隙間から脱走してしまいます。ただ、乾燥に弱い動物なので、一旦飼育環境から抜け出してしまうと、十分な水分が得られず、発見した時には干からびてしまっている、といったこともよく起こります。そうした悲劇を避けるためにもケージや水槽の上部を通り抜けられないような目の細かい金網で覆うなど、脱走対策はしっかりしてあげましょう。

ウーパールーパーの飼育に必要な物

水質と水温の維持に配慮を

　ウーパールーパーは一生を水中で過ごします。ですから飼育にはプラケースや水槽などを使用します。飼育で一番重要となるのは水質の維持です。常に水中にいるので、水質悪化がそのまま体調の悪化に直結します。そしてウーパーウーパーはフンの量が多いため、水を汚しがちです。健康状態を良好に保つためにも、水の汚れを除去して、水質を維持するために、フィルターは設置してあげましょう。フィルターにはいろいろな種類がありますが、濾過能力が十分であれば、水槽サイズや形状に合わせたタイプのものを選べばよいでしょう。

　水温の管理については、ある程度の温度変化には対応してくれますが、夏場の高水温には注意が必要です。締め切った室内で夏場に室温が高温になるような場所で飼育する場合には、エアコンを使ったり、水槽用の冷却ファンなどを使って、温度管理をしてあげましょう。冬場はヒーターを使って水温を維持してもよいでしょう

Chapter2 迎える前の準備

······················ 〈主な必要な物〉 ······················

プラケース飼育キット　エアポンプ　水質調整剤

フィルター　人工飼料　水質調整濾材

水換え用ポンプ　水温計　小型のアミ　小型水槽セット

アカハライモリの飼育に必要な物

湿度と温度の管理に注意

　アカハライモリは水中と陸上の両方を棲息域とする有尾目です。そのため、飼育には水槽やプラケースを使うことになります。そして、水位を低めにして陸上部分を作ってあげることで、水中と陸上とを行き来できる環境が作れます。陸上部分は、流木などを利用して、水面に出ている部分を作ってあげてもよいですし、底床材を使って、陸上部分を作ってもよいでしょう。

　また、夏場の高水温に弱い面もあるので、飼育環境の設置場所によっては、水槽用の冷却ファンなどを使ってもよいでしょう。逆に冬場は乾燥には十分注意してあげる必要があります。

　餌については、人工の飼料もありますが、個体によっては活餌しか食べないこともあるので、人工飼料に慣れるまでは、赤虫やイトミミズ、小さいコオロギやメダカなどを与えると良いでしょう。

Chapter2 迎える前の準備

……〈主な必要な物〉……

プラケース

人工飼料

投げ込み式フィルター

エアポンプ

水槽用
冷却ファン

小型のアミ

フィルター

水換え用ポンプ

流木

水質調整剤

小型水槽セット

31

専門店へ行ってみよう

ウーパールーパーを手に入れるには、アクアリウムショップなどで探すことになりますが、最近ではウーパールーパーに強い専門店もあります。そういったお店なら、さまざまなカラーバリエーションに出会えたり、飼育についてのノウハウをいろいろと聞くことができます。ぜひ一度足を運んでみては？

SHOP 1　うぱるぱ屋

うぱるぱ屋は千葉市花見川区にある、おそらくは日本で唯一のウーパールーパーの専門ショップ。常時100匹以上のウーパールーパーがいるという店内は、まさに好みのウーパーを探すのにうってつけ。通信販売も行っていますが、ぜひ一度足を運んでみて、実際に目で見て好みの1匹を探してみてください。飼育用品も充実していますし、店長の今井さんから、いろいろなウーパールーパーのマニアックな話も聞けるはず。

Chapter2 迎える前の準備

Shop data

千葉県千葉市花見川区
花園2-10-17
TEL：043-305-4424
営業時間：
月水木／17：00～22：00
金／13：00～22：00
土日／10:00～20：00
定休日：火曜日

専門店へ行ってみよう

SHOP 2　両生・爬虫類etcのお店 "Pumilio"

"Pumilioは爬虫類や両生類好きの人にとっては、知る人ぞ知るといった名店。マニアックな種類から、一般種まで状態のよい生体と、爬虫類・両生類についての確かな知識で、多くのファンに支持されています。もちろん、こちらのお店でも数多くのイモリやサラマンダーを扱っているので、探している種類が見つからない、などという時にぜひ問い合わせてみてはいかがでしょうか。全国各地で開催される爬虫類などのイベントにも出張していたりするので、そういった機会に遭遇する機会があるかも。

Chapter2 迎える前の準備

Shop data

東京都世田谷区
南烏山 3 - 9 - 8 -102
TEL：070-5595-9325
営業時間：12：00〜20：00
定休日：火曜日

35

Chapter 3

飼育環境の整え方

ここではウーパールーパーとアカハライモリの飼育環境の
セッティングについて見てみましょう。

プラケースでウーパールーパー飼育

ウーパールーパーの手軽な飼育環境として、プラケースを使った飼育環境があります色々なメーカーから飼育キットも出ているので、そういったものを利用してもよいでしょう。

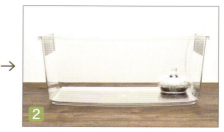

ケースを平らな場所に置き、投げ込み式フィルターをセットします。

底床(今回はガラス玉)と隠れるためのシェルターをセット。底床に使う素材は水質に影響を与えない物であればいろいろなものが使えますが、粒の大きさがウーパールーパーが間違って食べないサイズのものを選びましょう。

水槽に水を張りフィルターを作動させます。

飼育水に水道水を使う場合には、中和剤を使ってカルキを抜いておきましょう。

快適な環境にしてね

Chapter.3 飼育環境の整え方

この状態で数日間はフィルターを回しておいて、水をこなれさせます。

ウーパールーパーを水面に袋ごと浮かべて、まずは温度を合わせていきます。

温度合わせが終わったら袋の中に少しずつケースの中の飼育水を移し、水合わせをします。

しっかり時間をかけて水質に慣れさせたら、静かに水槽の中に放します。

完 成

水槽でウーパールーパー飼育

1

水槽でウーパールーパーの飼育をする場合は、プラケースよりも場所は取りますが、その分水量が多く、水質の維持は容易になります。

2

水槽内に底床を敷きます。今回は粒の大きめな玉砂利を使用。

3

砂利は厚さを均等にして、水槽の底面に敷き詰めます。

Chapter3 飼育環境の整え方

4
ウーパールーパーの隠れ場所として、水草をセット。今回は手軽でメンテナンスのしやすい人工の水草と流木がセットになったものを使用。

5
水槽の反対側にもシェルターと人工水草を配置。

6
水槽に水を注いでいきます。

7
水は水槽の上部まで満たします。

8 フィルターをセットします。今回は外掛け式のフィルターを使用。水槽のサイズや形によって、使いやすいフィルターを選びましょう。

9 水道水を使用する場合には中和剤を使って、カルキを抜いておきます。

10 ここまでセットが完了したら、フィルターの電源を入れ、水を循環させます。この状態で、数日は水を循環させて水を作りましょう。

Chapter.3 飼育環境の整え方

11
水ができたらいよいよウーパールーパーの導入です。プラケースなどにウーパールーパーを入れ、水槽に浮かべて温度合わせと水合わせを行います。

12
しっかり水合わせができたら、静かに水槽の中にウーパールーパーを放します。水合わせには30分程度はかけてあげるようにしたいものです。

完 成

43

プラケースでイモリを飼う

1
アカハライモリは半陸棲の有尾目ですので、プラケースで飼育する場合も、水の部分と陸地の部分を作ってあげる必要があります。今回は陸地部分には流木を使用します。

2
今回はカブトムシや金魚飼育用のプラケースを使います。ケースを水平な場所にセットします。

3
ケースの底に投げ込み式フィルターをセット。

Chapter.3 飼育環境の整え方

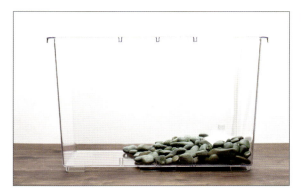

4
フィルター周辺に大きめの砂利を敷きます。流木をセットしやすいよう、砂利で土台を作ります。

5
流木を2本組み合わせて、レイアウトを決めます。流木は初めて使用する際にはアクが出る場合があるので注意しましょう。

6
流木のレイアウトが決まったら、ケース内に水を注いでいきます。

7
流木の一部が水面から出るくらいの水位で注水はストップします。

45

8

水が入ったら、水草も入れてあげましょう。

9

水道水を使う場合には中和剤で水中のカルキを抜いておきます。

10

ここまで出来たら、フィルターの電源を入れて水を循環させます。この状態で、数日は水を循環させておくとよいでしょう。

Chapter.3 飼育環境の整え方

11
いよいよアカハライモリの導入です。小さめのプラケースに入れて水に浮かべ、温度合わせと水合わせを行います。

12
十分に時間をかけて水合わせを行ったら、ゆっくりとケース内にイモリを放します。

完成

47

column

サンショウウオの飼育

　サンショウウオといっても、その種類は非常に多く、もともとの生息地によって、必要な飼育環境は異なります。
　p26で紹介しているように大きく分けると3つのタイプに分けられますが、外国産のサンショウウオの場合には最適な湿度や水温なども異なってくる場合もあります。飼育を始める前に、飼育環境について調べたり、専門店のスタッフなどに聞いたりしてしっかりと準備をしておくようにしましょう。
　特に両生類の仲間は乾燥には弱いので陸棲型の種類の場合でも水分の補給には十分気をつけてあげましょう。
　また、日本の固有種のサンショウウオは捕獲や飼育が法律で規制されている種も多くいます。現在規制されていなくても、その数は少なくなっている種も多いので、日本産のサンショウウオについては、捕獲や飼育はできるだけ避けたほうが良いでしょう。

Chapter 4

日常の飼育管理

この章では毎日のお世話や水槽内の掃除、そして餌についてまとめました。

ウーパーの日々のお世話

観察が一番重要

　ウーパールーパーの飼育に限った話ではないのですが、動物を飼育するうえで最も大切なことは観察することです。彼らは人間と違い、体調の変化や飼育環境の変化などを言葉で伝えることはできません。ですから、飼い主さんが責任をもって、普段から様子を観察して、変化があれば、水換えをしたり、水温を調整したりしてあげなければいけません。ですから、飼育の基本は観察ともいえるわけです。

　ウーパールーパーは有尾目の中ではか

なり丈夫な種といえます。とはいえ、水中で暮らすウーパールーパーにとって、水の影響は大きなものです。この水が汚れてしまえば、そのまますぐに健康に影響を与えてしまいます。特に小型水槽やプラケースなど、入れられる水の量が少ない飼育容器の場合、水質の悪化や温度変化が起こりやすくなるので、できるだけこまめな水換えやメンテナンスが必要になります。また、ウーパールーパーは大量にフンをするため、水を汚しやすいことも頭に入れておきましょう。きれいな飼育水を保つためには、こまめな掃除と水換えが必要になります。

餌は与えすぎに注意

ウーパールーパーが餌を食べている姿はとても可愛らしいものです。ただ、その姿が見たくて毎日餌を大量に与えていると、太らせすぎてしまうだけでなく、体調を悪化させることもありますし、食べ残しの餌で水を汚してしまうことになります。幼体でなければ餌を与えるのは1日置きくらいでも大丈夫なので、与えすぎないよう気を付けてあげましょう。

アカハライモリの日々のお世話

水量が少ない分 水換えはこまめに

アカハライモリは半陸棲型のイモリです。そのため、飼育環境には水場と陸の部分が必要になります。水温や気温については基本的にはあまり気にしなくても問題はありません。もともと日本に生息している両生類なので、日本の季節による温度変化にもある程度対応できます。とはいえ、自然下の環境と異なり、飼育環境の中では水量も限られているので、定期的な水換えは必要になります。できれば週に一回程度は水換えをしてあげましょう。特に夏場は水温が上がって水が

Chapter4 日常の飼育管理

傷みやすいので、水の腐敗を防ぐためにもこまめな水換えが必要です。適度な水換えと水温の上昇を抑える管理が最も大切になります。

燥してしまう場合もあるので、湿度については普段から気を付けてあげたいものです。

湿度の変化は気を付けて

先ほど水温や気温の変化にはある程度対応できると書きましたが、気を付けなければいけないのは湿度です。特に締め切った部屋の夏場の湿度は、アカハライモリの本来の生息地などと比べてかなり高くなってしまう場合もあります。そうなると蒸れてしまい、体調を崩してしまう場合もあります。また、逆に冬場は乾

水換えと水質管理

定期的な水換えは必須

ウーパールーパーにしても、アカハライモリにしても、どちらも水の中を棲息域としています。つまり彼らにとって、水は空気と同様に大切な物です。この水をきちんときれいな状態に保ってあげることは飼育の要になります。

そこで重要なのが定期的な水換え。水量が多い、大型の水槽であれば、ある程度水換えの間隔をあけても水質の維持が可能ですが、最低でもプラケースなどの小さな容器の場合、週に1回程度は水換えをしてあげましょう。

この時、飼育水のすべてを交換してしまうのではなく、多くても全体の1/2程度に留めます。これは急激な水質の変

Chapter4 日常の飼育管理

化で体調を崩したりしないようにするためです。この水換えの際に、脱皮した皮やゴミ、フンなども一緒に吸い出して、掃除をしてあげましょう。可能であれば数日おきに、少量の水を換える、もしくは蒸発した分の水を足していくといった形でこまめにケアをして、水質を維持して、週に1度程度、掃除を兼ねて多めに水換えを行う、といったペースでよい状態の水をキープしてあげましょう。

また、飼育に使用する水は水道水を使う場合には中和剤を使ってカルキを抜いておくことを忘れずに。バケツに汲み置きをして、日光に数日当てて曝気した水でも問題ありません。

コケ取りは必要?

飼育水の中に藻やコケが発生しても基本的には悪い影響があるわけではありません。ただ、水槽飼育の場合は見た目が悪くなったり、ウーパールーパーやイモリの姿が見えにくくなるので、水槽の表面にコケが付いたら、メラミンスポンジなどを使ってこすり落としてしまいましょう。コケも種類によってはなかなか落とせないような頑固なものもあるので、見つけたら広がらないうちにすぐに落としてしまうほうが後々楽になります。

55

餌について考える

サイズやタイプで餌を選ぼう

ウーパールーパーやイモリなどの仲間は肉食の動物です。自然下では小魚や昆虫、甲殻類などを食べています。そして、自然下ではそうした餌が毎日獲れるとは限りません。ですから、毎日食べなくても大丈夫なように体ができています。飼育下では飼い主さんが餌をあげるわけですが、ついつい毎日何度も与えてしまったりしがちです。でも、これは肥満にしてしまったり、水を汚す原因になってしまうので、餌は1〜2日おきくらいのペ

······················〈ウーパールーパーの餌〉······················

人工飼料

人工飼料

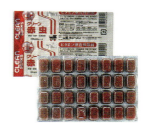
冷凍アカムシ

ースで与えるようにしましょう。

　現在、ウーパールーパーやイモリの餌はタブレット状の人工飼料がいろいろなメーカーから発売されています。保存しやすく便利な物ですが、メーカーや商品によって粒の大きさに差があります。与える個体の大きさに合わせて商品を選んで与えるとよいでしょう。人工飼料のなかには水分を含んで膨れるものもあるので注意してください。

　人工飼料をあまり食べてくれないような場合には、冷凍のアカムシや生きたメダカ、小さなコオロギなどを与えてみてもよいでしょう。また、幼い個体にはブラインシュリンプやアカムシ、イトメなどもよい餌になります。

　生肉などは食べてくれる場合もありますが、腐敗しやすいので水を汚す原因となります。食べ残しはすぐに網などで掬って捨てることが鉄則です。

ウーパールーパーの複数飼育

　ウーパールーパー同士で混泳させる場合、気を付けたいのが共食いです。特に小さいサイズの間は成長による大きさの差が出やすく、共食いが起こりやすくなります。サイズが大きくなってくれば共食いの危険性は小さくなりますが、餌の量が足りていなかったり、同居させる数が多すぎたりすると、噛みつきあうこともあるので注意が必要です。

column

イモリと毒

　アカハライモリの毒々しい赤い体色は、捕食者に対して、毒をもっていることをアピールしているといわれています。そして、アカハライモリをはじめ、多くの有尾目の両生類は実際に毒をもっています。

　ちなみにアカハライモリの毒はテトロドトキシン、いわゆるフグ毒として知られているものです。とはいえ、フグの物ほど強いわけではないといわれています。とはいえ、人によっては手で触れた後、ひりひりする、といったことも起こります。危険な物であることは間違いありません。なるべく直接手で触れないようにすること、そして手で触ってしまった後は必ず良く手を洗うようにすることが大切です。また、小さな子どもには触れさせないように十分注意してあげましょう。手に傷などがあるときには、大人であっても直接触れないようにしてください。

Chapter 5
保護の話

ウーパールーパーやサンショウウオは実は保護をしなければ野生化では絶滅の恐れがある種でもあります。この章では彼らの現状についてみてみましょう。

ウーパールーパーとワシントン条約

野生個体は激減

日本ではアクアリウムショップなどで簡単に手に入れることができるウーパールーパーですが、実はワシントン条約で野生個体の取引などは規制の対象となっています。これはその生息地の環境が悪化して、野生のメキシコサラマンダーの個体数がとても少なくなっているからです。

もともとウーパールーパーはその丈夫さと再生能力の高さなどから、実験動物として古くから人工的に飼育や繁殖が行われていました。ですから、現在、日本で手に入れることができるウーパールーパーは国内の飼育下で繁殖された個体で

Chapter5 保護の話

規制の対象とはなっていません。現在、さまざまなカラーバリエーションがあるのも、飼育下で繁殖が行われてきたからでもあります。

野生のメキシコサラマンダーは白ではなく、灰褐色の地味な体色をしています。よく店頭でマーブルと呼ばれているタイプに近いといわれたりしますが、そのうちに養殖個体はたくさんいるけれども野生の個体は誰も見たことがない、というような事態になることも考えられます。

現在、メキシコ政府はメキシコサラマンダーの生息地をメキシコ政府は残されたメキシコサラマンダーの生息地を守ろうと、「ソチミルコ、サン・グラゴリオ・アトラプルコ自然保護区」を設置しています。こうした取り組みが実って、メキシコサラマンダーの野生個体の数が増えていくことを願ってやみません。

日本のサンショウウオの保護の現状

研究の進むサンショウウオ

日本には多くの種類のサンショウウオがいます。しかし今、その数は減っていて保護の対象となっている種類も少なくありません。現在、サンショウウオの分類の研究が進み、以前は同種とされていたサンショウウオが別種とされたり、逆に異なる種類と思われていたものが同種となったりしています。

特別天然記念物としてよく知られているオオサンショウウオをはじめ、各地に

トウキョウサンショウウオの卵

生息するサンショウウオは生息地の水質の悪化や開発などにより、どんどんその個体数が減っているのが現状です。

現在、アベサンショウウオやオオダイガハラサンショウウオ、ハクバサンショウウオ、ベッコウサンショウウオなどは

トウキョウサンショウウオの生息地

トウキョウサンショウウオの幼生

採集自体が禁じられています。そしてほかの種も決して個体数が多いわけではなく、今後保護を広げていかなければいけないサンショウウオもたくさんいます。ですから、サンショウウオについては、野生個体は特別な理由のない限り、採集は控えるようにしたいものです。

　そもそも、日本のサンショウウオは生息域をまたいで移動できるほどの移動力がないうえに、両生類なので乾燥に弱いため、ほかの地域の個体群と交雑しにくく、種の多様性を維持してきました。ただ、その生息地が開発されてしまうと、サンショウウオたちは行き場を失い、その数を減らしてしまうのです。サンショウウオがいなくなるということは、それだけ日本の自然が失われているということでもあります。我々がもっと意識をしてこの小さな動物を守っていかなければいけない時期に来ているのです。

Chapter 6

ウーパールーパーの繁殖と成長

この章ではウーパールーパーの繁殖と、卵からの成長について見てみたいと思います。うまく条件が整えば、水槽内での繁殖にもチャレンジできるのがウーパールーパーの魅力のひとつです。

ウーパールーパーの繁殖

温度変化で繁殖を狙ってみよう

　ウーパールーパーを積極的に繁殖させたい場合、キーワードになるのは温度の変化です。もちろん、大前提として、健康に成長して繁殖可能となったオスとメスの個体が必要になります。

　まず、成長したオスとメスの水槽の水温を下げていきます。水温を5〜10℃程度に下げ、その状態で数週間程度過ごせます。そのうえで、徐々に水温を上げていくと、活性が上がり、繁殖行動をとりやすくなるのです。

　自然下では冬が終わり、春になって水温が上がってくると繁殖行動をとるので、その変化を疑似体験させて繁殖行動をとらせる、という仕組みです。うまくいけばメスは水草などに卵をひとつずつ産み付けていきます。

　卵が産まれたら、丁寧に産卵箱などに移して、しっかりエアレーションをかけてあげましょう。この時、無精卵には注意が必要です。無精卵はすぐにカビが付いてしまうので、見つけたらすぐに取り除くようにしましょう。

Chapter6 ウーパールーパーの繁殖と成長

ウーパールーパーの卵から幼生までの成長

1

ブラックとアルビノの卵。卵の時点で色が異なるのがわかる。

2

どちらの卵も無事成長を始めた。

3

外鰓が確認できる。

ウーパールーパーの卵から幼生までの成長

4

ウーパールーパーらしい姿になってきた。

5

無事に孵化した直後のアルビノ個体とブラック個体の幼生。

6

前肢が生えてきた。成長してもアルビノは目がわかりづらい。

Chapter6 ウーパールーパーの繁殖と成長

7

ブラック　アルビノ

続いて後肢も。まだまだ小さな肢。

8

ブラック　アルビノ

ここまで大きくなればひと安心。

column

イベントに行ってみよう！

　最近では全国各地で爬虫類や両生類のイベントが開催されています。こうしたイベントではなかなか目にすることができないレアな個体を目にしたり、詳しいスタッフの話を聞いたりするチャンスです。イベントによっては、その場で生体を購入することができる場合もあるので、レアな個体を探しているような場合には一度足を運んでみてはいかが？

Chapter 7
ウーパールーパーと
イモリの仲間たち

ここではウーパールーパーとイモリの仲間を中心にご紹介します。イモリやサンショウウオの仲間で比較的入手が容易な外国産のものも人気種をピックアップ。お気に入りの個体を探す際の参考にしてみてください。

ウーパールーパーの仲間たち

ウーパールーパー（リューシスティック黒目）

　最も人気の高い品種で、ウーパールーパーと言えこの品種を想像されると思います。淡いピンクホワイトの体色に真っ黒な目がとても可愛らしい。春先から大量にブリードされているので、入手はとても容易です。「うぱるぱ」と呼ばれるショートボディーの品種も人気があります。

Chapter7 ウーパールーパーとイモリの仲間たち

うぱるぱ　リューシスティック黒目

ウーパールーパー（リューシスティック金環）

リューシスティック黒目のバリエーション。真っ黒の目ではなく、金の縁取りがあるためかなり印象が変わります。ショップで購入するときは黒目と金環を選べますが、ネット通販では選べないこともあります。

Axolotl

Chapter 7 ウーパールーパーとイモリの仲間たち

ウーパールーパー（アルビノ）

　一般的な動物たちと同じように、ウーパールーパーにもアルビノ品種が見られます。リューシスティックとは違い、ピンクの目が特徴的です。比較的ポピュラーな品種で入手も容易です。うぱるぱ体型のアルビノはとても繊細なイメージです。

Axolotl

Chapter 7 ウーパールーパーとイモリの仲間たち

うぱるぱ　アルビノ

ウーパールーパー（ゴールデン）

黄色味の強い体色が美しい品種。体にはラメがたくさん入るので、とても豪華な印象です。リューシスティックの人気に隠れがちですが、もっと飼育してもらいたい品種です。

Axolotl

Chapter7 ウーパールーパーとイモリの仲間たち

79

ウーパールーパー（マーブル）

最もワイルドな印象の品種なので、男性に人気が高いようです。マーブル模様は個体差が激しいので、好みの個体を選ぶ楽しさがあります。ワイルドな体色で、うぱるぱ体型という面白い品種もおすすめです。

Axolotl

Chapter7 ウーパールーパーとイモリの仲間たち

うぱるぱ　マーブル

81

ウーパールーパー（ブラック）

　真っ黒な体色が、水槽内では逆に引き立つ存在の品種です。成長するとかなりの存在感を出してくれます。うぱるぱ体型の若い個体はオタマジャクシのような可愛らしさがあります。

Axolotl

Chapter7 ウーパールーパーとイモリの仲間たち

うぱるぱ　マーブル

ウーパールーパー（リューシスティック　ブラックスポット）

　稀にスポットが入ったり、シミのようになる個体も見られます。これらの入り方次第で面白い体色となるので、ブリーダーやマニアが色々と選別しています。一点もののために、入手や価格はまちまちです。

ウーパールーパー（ゴールデン　ブラックスポット）

　とても美しい体色を見せるゴールデンタイプ。スポットとラメの両方が見られます。このような個体は高価ですが、成長とともに変化する体色を楽しめます。

ウーパールーパー（アルビノ・変わり目）

　アルビノ個体なのですが、赤い目ではない変わった個体。ポニョのような面白い顔が印象的で、とても可愛らしい品種です。

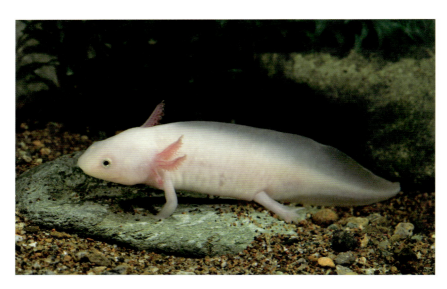

ウーパールーパー（アルビノ・イエロースポット）

アルビノ個体の中でも、イエローのスポットが出現する個体も見られます。黄色が入るだけで、かなり違った印象の個体に成長してくれます。

アンダーソンサラマンダー(第二のウーパールーパー)

ウーパールーパーとは別種のアンダーソンサラマンダー。かなり近縁な種で、ウーパールーパーととてもよく似ています。やや高価ですが、玄人好みの人気種です。

Chapter 7 ウーパールーパーとイモリの仲間たち

日本のイモリの仲間たち

アカハライモリ（愛知県産）

日本に生息する両生類の代表種。最も広域に生息するイモリです。そのため、生息地によって色彩や体型に差が見られ、タイプ別に飼育を楽しんでいるマニアも多いです。飼育自体はとても容易ですが、繁殖はウーパールーパーほど容易ではありません。

Newt

アカハラライモリ（愛知県産）

アカハライモリ（千葉県産）

　千葉県に生息しているアカハライモリでも、黒の強い個体や茶色っぽい個体などが見られます。生息地で観察するときは注意してみるととても面白いものです。微量ですが毒を持っているので、触った後は必ず手を洗うようにしましょう。

シリケンイモリ（沖縄本島南部産）

　沖縄本島などに生息する美しいイモリの仲間。特に本島南部の個体群は金色の発色が強くて人気があります。アカハライモリより大型になり、人工飼料もよく食べてくれ、飼育は容易です。

Newt

Chapter 7 ウーパールーパーとイモリの仲間たち

シリケンイモリ 渡嘉敷島産

沖縄本島近辺の島々にもシリケンイモリが生息しています。写真のような赤みの強い個体も見られます。シリケンイモリの名前の由来は、尾が剣のように見えるためです。

Newt

Chapter7 ウーパールーパーとイモリの仲間たち

アマミシリケンイモリ

奄美大島に生息するシリケンイモリは、アマミシリケンイモリと言う別種のイモリです。本種を専門にブリードするブリーダーも見られ、選別交配で作出された美しい個体も見ることができます。

Chapter 7 ウーパールーパーとイモリの仲間たち

外国の有尾目の仲間たち

マダライモリ

フランスやスペインに生息する美しいイモリ。グリーンの発色が美しく非常に人気が高い。比較的高価ですが、ヨーロッパでブリードされた個体が輸入されるので、安心して飼育を楽しめます。

Newt

ミナミイボイモリ

　中国に生息する美しいイモリ。まるで、オモチャのような体色はインパクトが強くとても人気があります。国内やヨーロッパでブリードされている個体を購入することができ、ブリード個体のために比較的飼育は容易です。

ファイアサラマンダー（イエロー）

　ヨーロッパに広く生息しているサラマンダー。作り物のような派手な体色で人気があります。軽く湿らせた水苔などを使用して飼育します。写真の個体はイエロータイプ。

ファイアサラマンダー（レッド）

稀に見ることができるファイアサラマンダーのレッドタイプ。とても美しいのですが、レア個体のため高価です

スポットサラマンダー

アメリカやカナダに生息するサラマンダー。大きめのスポット模様が特徴で、サンショウウオらしい体型が魅力的。生息地によって体色に違いがあります。

Chapter 8

ウーパールーパーの健康管理

この章ではウーパールーパーの健康管理や病気について見ていきたいと思います。

ウーパールーパーで起こりやすい病気

基本的には丈夫な動物

　ウーパールーパーは丈夫で再生能力も高いため、実験動物として飼育されていました。つまり、基本的には病気などにかかりにくい丈夫な動物ということです。とはいえ、丈夫というだけで、生き物である以上、病気になることはあります。
　よく起こる病気としては、浮遊病、もしくはぷかぷか病などと呼ばれる病気です。これは何らかの原因で体内にガスが溜まり、水面に浮かんで戻れなくなってしまう病気です。
　また、体の一部に綿のようなものが付く水カビ病もよくみられる病気です。これは傷口などに真菌が付着して起こります。
　また、水質が悪化していると、外鰓が縮むように小さくなってくる場合もあります。鰓があまり小さくなってしまうと呼吸に影響が出てくることもあります。このほかにも底床材を食べて消化管が詰

まってしまう、といったことも時折起こります。

早期発見が大切

どんな病気であっても、まず大切なのができるだけ早い段階で異変に気付いてあげることです。早期に病気や異常を発見すれば、それだけ早く対策を打つことができ、ウーパールーパーの回復も早くなります。ですから、できるだけ毎日1回はウーパールーパーの泳ぐ姿を観察してあげてください。「何となく変な感じがする」と違和感をもったら、それが病気のサインかもしれません。普段の姿を見ている飼い主さんが、ウーパールーパーの変化に一番気付いてあげやすいのです。早く異変に気付いてあげることで、病気からの回復を楽にしてあげましょう。

薬品に弱い両生類

熱帯魚などの場合、病気になると水中に魚病薬を入れ、薬浴させて治療を行います。でも、両生類の場合この方法はあまり使えません。両生類の仲間は皮膚からも薬の成分を吸収してしまうので、薬への耐性が弱いのです。また、魚病薬でなくても、洗剤や薬品などの物質にはとても弱いので、こうしたものが水槽内に入らないよう注意をしてあげましょう。

病気の対策を考える

両生類を診てくれる病院はまだ少ない

他のペットと同様、ウーパールーパーやイモリなどが病気になった時に、近くに動物病院があれば、連れて行って診てもらうのが一番の理想です。とはいえ、まだまだ両生類を診察できる病院は非常に数が少ないのが現状です。そうなると、飼い主さんのケアがとても重要になってきます。

飼い主さんができることとして、まず大切なことは水の管理。特に病気が発生した場合には、水換えのペースと量を上げて、できるだけ水の状態をよくしてあげることです。

また、ウーパールーパーのサイズが大きくなってくると、それだけ排せつ物なども多くなってきますので、必要に応じて濾過装置もより能力の高いものに換えてあげましょう。基本的にウーパールーパーは丈夫な種です。そして、病気などの原因は飼育水にあることも多いので、

水の問題を改善すれば、徐々に回復に向かうこともあります。

栄養価の高い餌を食べさせよう

ケガなどの場合は、できるだけ栄養価の高い餌を与えてあげることも大切です。

イモリやサンショウウオなどの再生能力はとても高く、多少大きな傷でもすぐに再生してしまいます。ウーパールーパーも再生能力は高い動物です。とはいえ、栄養状態などで傷の治り具合や治るスピードは変わってきます。ですから治療中はアカムシやメダカなどの活餌など、栄養価の高い餌を与えて、再生能力を高めてあげましょう。

イモリの再生能力

小学校などでイモリの再生能力の実験などをしたことがある方もいるかもしれませんが、イモリには驚くべき再生能力があります。腕が切れてしまったような場合でも、皮膚だけでなく骨まで再生してしまうほどです。とはいえ、若い個体のほうが再生能力は高く、また栄養状態に左右されるといった報告もあります。また、イモリに限らず、有尾目の両生類全般で高い再生能力は見ることができます。

Chapter 9
みんなのウーパールーパー

全国のウーパールーパーファンの皆さんから、ご自慢のウーパーたちのお写真を送っていただきました。みなさんの愛情が詰まったウーパー写真を少しだけ公開しちゃいます。

mamarinさん

いかきちさん

くらげさん

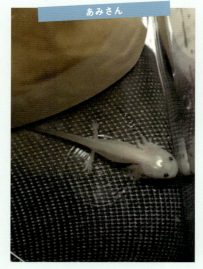
あみさん

サミーさん

Chapter 9 みんなのウーパールーパー

スパイパー君さん

たーちゃんさん

だいちゃんさん

ひろみさん

ともつんさん

ソチミルコ工房さん

まんまる99さん

メーテルさん

あやさん

yukariさん

ラスカルさん

Chapter9 みんなのウーパールーパー

こえりさん

けーさん

小澤愛さん

こうさん

◆制作協力

今井英介（うぱるぱ屋）

◆撮影協力

西沢雅（Pumilio）、渡部久（日本ウパルパ協会）、うぱるぱ屋、Pumilio、ウパストアスイート、アクアアニマルジャパン、アクアステージ518、（有）ピクタ、リミックス 名古屋インター店、東京サンマリン、日本淡水開発、NISSO、戸津健治（アイテム）、藤川清（アイテム）、奄美の尻剣屋

著者プロフィール
佐々木浩之（ささきひろゆき）
1973年生まれ。
水辺の生物を中心に撮影を行うフリーの動物写真家。中でも観賞魚を実際に飼育し、状態良く仕上げた動きのある写真に定評がある。幼少より水辺の生物に興味をもち、10歳で熱帯魚の飼育を始める。日本各地の湧水地や東南アジアなどの現地で実際に採集、撮影を行い、それら実践に基づいた飼育情報や生態写真を雑誌等で発表している。他にもフィッシング雑誌などでブラックバスなどの水中写真も発表している。
主な著書に、「苔ボトル」育てる楽しむ癒しのコケ図鑑（電波社）、熱帯魚・水草　楽しみ方BOOK（成美堂出版）、トロピカルフィッシュ・コレクション6南米小型シクリッド（ピーシーズ）、ザリガニ飼育ノート、メダカ飼育ノート、金魚飼育ノート、ツノガエル飼いのきほん、ヒョウモン飼いのきほん、アクアリウム・飼い方上手になれる！シリーズ（誠文堂新光社）などがある。

デザイン … 宇都宮三鈴
イラスト … ヨギトモコ
DTP … メルシング

飼育の仕方、種類、食べ物、飼育環境がすぐわかる！
爬虫類・両生類☆飼い方上手になれる！
ウーパールーパー・イモリ・サンショウウオの仲間　　NDC 487

2018年5月12日　発行

著　者　　佐々木浩之
発行者　　小川雄一
発行所　　株式会社誠文堂新光社
　　　　　〒113-0033　東京都文京区本郷3-3-11
　　　　　（編集）電話03-5800-5751
　　　　　（販売）電話03-5800-5780
　　　　　http://www.seibundo-shinkosha.net/

印刷所　　株式会社 大熊整美堂
製本所　　和光堂 株式会社

©2018. Hiroyuki Sasaki
Printed in Japan　検印省略
禁・無断転載
落丁・乱丁本はお取り替え致します。

本書のコピー、スキャン、デジタル化等の無断複製は、著作権法上での例外を除き、禁じられています。本書を代行業者等の第三者に依頼してスキャンやデジタル化することは、たとえ個人や家庭内での利用であっても著作権法上認められません。

JCOPY　＜(社)出版者著作権管理機構　委託出版物＞
本書を無断で複製複写（コピー）することは、著作権法上での例外を除き、禁じられています。本書をコピーされる場合は、そのつど事前に、(社)出版者著作権管理機構（電話 03-3513-6969／FAX 03-3513-6979／e-mail:info@jcopy.or.jp）の許諾を得てください。

ISBN978-4-416-61806-6